8' V
28179

AF332640

8° V
28,179

HENRI FOCILLON

PROFESSEUR A LA FACULTÉ DES LETTRES DE DIJON

L'ESTAMPE JAPONAISE

ET

LA PEINTURE EN OCCIDENT

DANS LA SECONDE MOITIÉ DU XIXe SIÈCLE

COMMUNICATION PRÉSENTÉE AU
CONGRÈS D'HISTOIRE DE L'ART
PARIS
(26 SEPTEMBRE-5 OCTOBRE 1921)

L'ESTAMPE JAPONAISE ET LA PEINTURE EN OCCIDENT DANS LA SECONDE MOITIÉ DU XIXe SIÈCLE

COMMUNICATION DE M. HENRI FOCILLON
Professeur à la Faculté des lettres de Lyon.

On s'est longtemps représenté l'Europe et l'Asie comme deux mondes évoluant à part, fermés l'un à l'autre par des barrières infranchissables, modelant chacun pour son compte des dieux, une métaphysique, une éthique, un art qui s'opposent dans leur forme et dans leur principe. Les résultats acquis depuis un demi-siècle par les études orientales nous montrent au contraire qu'elles ont eu de tout temps des relations actives, se sont plus ou moins connues et se sont fait aussi réciproquement des emprunts. Quelques-uns de ces vastes échanges, particulièrement suggestifs, sont présents à la pensée de tous les chercheurs. M. Silvain Lévi a montré quelles infiltrations bouddhiques pouvaient se reconnaître dans les derniers des grands systèmes philosophiques conçus par le génie grec. Ce sont des sculpteurs romains de l'époque impériale qui, dans le nord-ouest de l'Inde, sans altérer en rien les leçons de la plastique méditerranéenne et sans déformer non plus les règles canoniques de la grande religion de l'Asie, ont donné pour la première fois une forme et un corps au Bouddha gandharien. Les beaux

travaux de M. Foucher ont définitivement fixé la date, les carac-
tères et les conséquences de cette collaboration du génie gréco-
romain et du génie de l'Inde antique. L'Asie centrale révèle peu
à peu les vestiges de durables et brillantes civilisations pénétrées
d'influence hellénique et continuant, dans une certaine mesure,
jusqu'à une époque relativement basse, les satrapies indo-grecques
de l'empire d'Alexandre. On a, d'autre part, récemment découvert
une relation entre la conception de l'enfer musulman et l'enfer
de la Divine Comédie. Dans certaines de nos cathédrales, nous nous
arrêtons devant des figures de type mongolique et coiffées comme
le sont les dignitaires Thang. Enfin M. Lionello Venturi est frappé
par de surprenantes analogies entre les saints du paradis d'Amida,
brillant au centre de flammes d'or, dans l'or de la lumière éternelle,
et certaines peintures exécutées au cours du Trecento, dans l'Italie
du Nord.

L'étude des rapports de l'estampe japonaise et de la peinture
occidentale nous montre l'importance et l'intérêt de ces relations
en plein XIXᵉ siècle : peut-être même ne furent-elles jamais plus
actives qu'alors. On se l'explique aisément, si l'on pense que le
Japon, longtemps fermé à l'étranger par la politique exclusiviste
des Tokougawa, s'est ouvert à nous peu de temps avant la restau-
ration de 1868 ; qu'une transformation sociale considérable a eu
pour conséquences une rupture provisoire avec les traditions et
les formules du passé et la dispersion au loin d'un grand nombre
d'œuvres ou d'objets chargés d'une signification ancienne. C'est
ainsi qu'après la révolte féodale de 1877, les sabres des Samouraï
vaincus furent vendus à vil prix, et des armes célèbres s'entas-
sèrent dans les bazars d'Occident. Il était naturel que l'estampe
japonaise, elle aussi, se répandît au dehors : art de grande diffusion,
multiplié à de nombreux exemplaires, art populaire entre tous,
malgré tout ce qu'elle présente à nos yeux d'exquis et de raffiné,
elle devait nous pénétrer largement, et non à titre précaire ou
accidentel. Elle nous arrivait d'ailleurs, non comme un témoignage
supérieur de l'activité artistique d'un grand peuple, non en épreuves

de choix, savamment recueillies et précieusement présentées, mais en liasses modestes, comme de vieilles images d'Épinal, et il n'était pas rare que les exportateurs en fissent usage pour emballer des « colis » plus précieux ou qu'en les contrecollant ; on en fit une espèce de carton mince, excellent pour les envois d'outre-mer... Ceux qui, les premiers, se sont intéressés à ces arrivages se rappellent un incroyable et charmant pêle-mêle d'épreuves excellentes et de tirages vulgaires. Telle quelle, l'estampe japonaise se conquit d'un seul coup en Europe un public d'amateurs. On doit un souvenir reconnaissant au Lyonnais Émile Guimet, industriel, philosophe et voyageur, qui, à vrai dire, considérait surtout l'estampe comme document de mœurs, à Philippe Burty, directeur de la *Gazette des Beaux-Arts*, aux collectionneurs Philippe Sichel, Barbouteau, Gillot, Vever, à Louis Gonse, historien de l'art gothique, qui allait devenir historien de l'art japonais, à Edmond de Goncourt, l'homme qui en a le mieux senti et le mieux dit le charme, enfin à un marchand, homme de goût et d'entreprise, Bing.

Un fait est à noter : la plupart d'entre eux ont, en quelque sorte, surévalué l'estampe, — je veux dire qu'ils ne l'ont pas mise à son vrai plan dans l'histoire de l'art japonais. Ils ne le connaissaient que par elle, — ils ignoraient encore l'admirable sculpture de la période Nara, héritière directe des chefs-d'œuvre gréco-bouddhiques, les grands portraits sacerdotaux du XIIIe et du XIVe siècle, la peinture de paysage du temps des Asikaga. L'estampe était pour eux une expression souveraine et complète du génie japonais. On sait que Fenellosa, plus largement informé, remit les choses au point dans une étude critique du chapitre consacré par Louis Gonse à la peinture. L'estampe était partout, et facilement lisible. C'est l'estampe qu'on exposa publiquement. Ce sont des dates essentielles de l'histoire de notre goût et de nos connaissances extrême-orientales que celles de l'exposition des maîtres de l'estampe japonaise, à l'École des Beaux-Arts de Paris, en mai 1890, de l'exposition Hokousaï, à Londres, en novembre de la même année, de la vente Philippe Burty, en mars 1891. Mais, dès avant cette époque,

Whistler avait vu des estampes japonaises, des Hirosighé, à Londres, peut-être dans un modeste tea-room chinois, près de London Bridge, peut-être autour d'un paquet de thé, comme enveloppe ; peut-être aussi lui avaient-elles été envoyées par un missionnaire comme documents sur la vie d'un peuple « barbare ». Telles sont du moins les traditions alléguées par Yono Nogushi, dans son récent livre sur Hirosighé, riche en comparaisons avec Whistler. Quant à Claude Monet, il avait racheté des estampes à un épicier hollandais, qui s'en servait pour faire ses paquets. Ainsi, c'est de 1870 à 1890 environ que les amateurs et les artistes ont reçu la révélation.

C'en était une, et très utile, et pleinement d'accord avec les expériences des novateurs. Ces vingt années qui séparent la guerre de la grande exposition universelle furent, on le sait, une des époques décisives de l'histoire de la peinture, une ère de recherches, d'inventions et de combats. La lassitude du romantisme et le dégoût de l'éclectisme académique avaient fait naître d'utiles inquiétudes. Déjà Courbet avait enseigné que le spectacle de l'existence quotidienne et des travaux du peuple, traduit avec une force passionnée, pouvait être plus émouvant qu'une rêverie lyrique sur des thèmes légendaires ou sur les fastes du passé. Manet, à travers les Espagnols, avait saisi la vie moderne, — cette vie mystérieuse et dramatique des grandes cités d'aujourd'hui, glorifiée par Baudelaire dans son célèbre article sur Guys. D'autres maîtres étaient sollicités par des problèmes plus complexes, — l'étude du plein air, sous une lumière qui dévore les ombres et qui disperse l'effet, qui rayonne partout avec une force invincible, et qui vibre. L'univers était pour eux, non pas un système immobile, mais l'harmonie instable de puissances qui changent, un ensemble de choses qui passent. Ils s'appliquèrent à trouver des formules graphiques et une technique picturale capables de capter ces apparences mobiles, ces phénomènes en fuite sous une lumière chatoyante. De l'estampe japonaise qu'ont-ils retenu ?

Et d'abord, qu'est-elle, et comment pouvait-elle exercer une influence ? C'est une gravure sur bois à taille d'épargne, où la couleur est obtenue par des planches repérées. Son mérite technique, c'est une simplicité admirable, une écriture grande, large, partout lisible, qui respecte le trait du dessinateur. Rien ne s'oppose plus fortement à la gravure sur bois telle que l'ont pratiquée en France, sous le second empire, les trop habiles traducteurs de Doré, virtuoses des valeurs subtiles, des effets complets, soulignés de brusques rehauts. L'estampe japonaise est bien plus voisine de la xylographie médiévale, mais elle est aussi une légère aquarelle, maintenue par une fine armature de noirs. L'espace y est conçu, non comme le lieu des trois dimensions, mais comme une succession de plans parallèles qui se superposent sans interférence. Les maîtres du dix-neuvième siècle ont eu quelque connaissance de notre perspective linéaire : de curieux intermédiaires comme Shiba Kokan avaient été séduits par cette science d'Europe, et on en retrouve des tentatives d'application dans les paysages de Kouniyôsi et d'Hirosighé. Depuis les maîtres Asikaga, tous étaient délicieusement experts dans les subtilités de la perspective aérienne. La lumière de l'estampe japonaise est une et absolue et ne comporte pas une contre-partie d'ombres. Le noir y joue un rôle, un rôle éminent, mais jamais comme facteur du modelé, toujours comme élément tonal. Ni hachures ni grisaille pour exprimer les volumes, mais une linéature juste. La couleur est exquise, parce que c'est proprement une couleur d'aquarelle, qui laisse jouer le dessous du papier. Même rompue (chez Outamaro), même nocturne (dans certains effets d'Hirosighé), elle est franche.

L'estampe japonaise, sortie de l'imagerie bouddhique, est en pleine possession de tous ses dons dès le second tiers du XVIIIe siècle. Elle est le moyen d'expression favori des artistes de l'Ukiyo-yé, l'école de la vie qui passe, opposés à l'académisme chinois, et c'est dans la vie qui passe, dans la vie moderne, qu'elle puise son inspiration et ses sujets, les femmes de plaisir, les acteurs, les gens du peuple, les spectacles de la rue, les spectacles de la nature animés de gais pèlerinages, la pluie, la lune, la neige et les fleurs. C'est pour plaire à un public peuple (mais aristocrate-né) qu'elle illustre d'étourdissantes vignettes les tomes innombrables des romans romanesques. Elle sert aussi à fixer les caprices des peintres, leurs croquis, leurs fantaisies d'une minute, leur trésor d'observations pittoresques, dans ces albums dont la *Mangwa* d'Hokousaï est le type et le chef-d'œuvre.

Longtemps on a commis l'erreur de ne voir en elle qu'une pure harmonie décorative, alors qu'elle est peut-être le dernier mot de l'art bouddhique, et sûrement l'image et l'expression de la plus haute spiritualité. Je touche ici au caractère fondamental du génie asiatique qui, surtout au Japon, — car la Chine fut toujours plus stable, plus carrée par la base, plus sévèrement attachée à la densité, à la pesanteur, à la masse, — se contenta de nous *suggérer* l'univers au lieu de nous le *représenter*. Pour le penseur bouddhique, il n'est pas de matière inerte, il n'y a que la vie, qui partout tressaille, parfois avec une force étrange, et presque galvanique, — et c'est l'accent de la vie que l'artiste doit fidèlement nous communiquer. S'il copie, s'il enferme la forme dans une exacte et parfaite limite, s'il caresse le modelé d'une peinture comme un sculpteur caresse le modelé d'une statue, la vie mobile s'enfuit et nous n'avons sous les yeux que le cadavre des choses. Tous les échanges de vie qui se croisent autour d'un être ou d'un objet et dont il est le centre, le rôle de l'artiste est de nous les suggérer; il exprime d'un seul coup les relations de l'unité et du tout. C'est ce qu'un des esthéticiens japonais les plus profonds et les plus perspicaces, Okakoura, a exprimé dans cette formule : « La suggestion, voilà le secret de l'infinité ». De là ces concisions extraordinairement expressives dont fourmille la *Mangwa*, cette économie de moyens qui, tout en respectant le mouvement de la vie, aboutit au style. De là deux artistes très japonais l'un et l'autre, et pourtant si différents l'un de l'autre, Hokousaï, qui espère pouvoir, à l'âge de cent dix ans, douer tous ses dessins d'une frénésie de vie authentique, Outamaro, qui, sur les besognes des teinturières et des pêcheuses comme sur les délassements des courtisanes, répand la plus majestueuse dignité.

Par son « modernisme », j'entends par l'intérêt qu'il porte aux aspects de l'existence contemporaine dans ce qu'ils ont de significatif, de gracieux, de hardi, par son dessin, expression d'une vie qui bouge et qui vibre, d'un instant qui passe et qui, bientôt, n'est plus, par cette fraîcheur de tons qu'aucune ombre n'alourdit ou ne rend louches, par ce modelé suggéré et non figuré, l'estampe japonaise frappa les maîtres d'Occident, soucieux de renouveler la peinture. Jamais les *valeurs* esthétiques de cet art n'avaient été soumises à une révision plus audacieuse. Depuis la Renaissance italienne, on peut dire qu'il vivait sur les formules d'Alberti, d'après lesquelles l'art de peindre devait chercher le modelé sculptural et le trompe-l'œil de la troisième dimension. Une mauvaise interprétation des doctrines de Vinci avait conduit les *tenebrosi* du xviie siècle à un clair-obscur factice, riche en noirceurs qui enfument le romantisme même. L'exécution monotone et lisse à la David, que l'exemple de Delacroix n'avait pas réussi à bannir de la peinture de son temps, restait un dogme de l'enseignement officiel.

Manet est certainement, de tous les novateurs, celui sur qui la leçon du passé continua à peser le plus longtemps, jusqu'au jour où, débarrassé des ombres de poix et de salpêtre de la peinture espagnole, il éclaircit sa palette et peignit dans la lumière. Qu'il ait connu l'estampe japonaise, qu'il en ait fait cas, je n'en veux pour preuve que le *Portrait d'Émile Zola*, dans le fond duquel on voit, en haut, à droite, un Samouraï épinglé à côté d'une petite Olympia. Rapprochement significatif, d'ailleurs, si l'on songe que l'*Olympia*, où les noirs ont déjà, comme dans l'art japonais, une valeur tonale, est modelée par grands plans simples et se présente, avec tous ses éminents mérites de peinture, comme une œuvre graphique autant que plastique, au sens propre des termes. Mais la relation entre l'art de Manet et l'estampe japonaise est encore plus catégorique dans les dessins du maître : certaines illustrations des *Poèmes* d'Edgard Poë, traduits par Stéphane Mallarmé, semblent empruntées à la *Mangwa*.

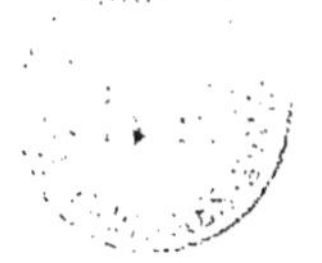

Le groupe des impressionnistes doit plus encore à l'art du Japon. Gustave Geffroy, leur historien, leur défenseur devant le public, leur compagnon d'armes, est explicite sur ce point : deux grandes influences se sont exercées sur eux. « Turner... révéla son prestige à Claude Monet et à Pissarro lors du voyage qu'ils firent ensemble à Londres... De même, les fragments de l'art japonais, qui étaient venus jusqu'ici en feuilles volantes d'estampes, ont été des indications précieuses... L'aspect limpide, la sérénité lumineuse des estampes japonaises, la construction des paysages, la mise en scène de l'humanité devaient constituer une réalisation très heureuse, pour ceux qui voulaient, eux aussi, un agrandissement d'espace et une vision neuve et vraie des choses [1]... » Aux côtés de Geffroy, des hommes comme Duranty et Théodore Duret, passionnés pour les arts de l'Asie, les faisaient connaître et les commentaient pour les peintres.

Geffroy se sert avec justesse du mot : indication. Chaque fois qu'on allègue une influence, on est tenté de chercher des traces d'imitation. Aucun des maîtres impressionnistes n'a *imité* l'estampe japonaise, et pourtant, chez certains d'entre eux, la leçon qu'ils en ont tirées se dégage avec évidence. Les aquarelles de Jongkind, par exemple, ont la même autorité d'installation, le même graphisme suggestif, la même fraîcheur acide que les paysages d'Hokousaï. Tous ont interprété la nature, non comme le théâtre immobile de nos propres agitations, mais comme un milieu vivant ; tous se sont appliqués à suggérer l'esprit et l'accent de la forme plutôt qu'à la copier dans un espace géométrique ; tous ont chéri la lumière, non comme la sœur de l'ombre, mais comme un rayonnement universel. Par là, ils sont étroitement d'accord avec le génie japonais.

Mais, si l'art extrême-oriental est une lumineuse et vibrante image de la vie, il est aussi (même dans ses œuvres les plus « populaires ») l'expression d'une société aristocratique et très ancienne,

---

1. *La Vie artistique*, III, pp. 16-17.

où la dignité de la vie et la profondeur du sentiment se traduisent par ce haut équilibre plastique que nous appelons le style. C'est par là, c'est aussi par le caractère exquis et rare de certaines émotions qu'il séduisit Whistler. Les maîtres français doivent peut-être plus à Hokousaï, à la *Mangwa*... Whistler portraitiste doit peut-être quelque chose aux prédécesseurs d'Hokousaï ; Whistler paysagiste doit sûrement d'importantes suggestions à Hirosighé. Dès la *Fille Blanche*, refusée au Salon de 1863, on peut prévoir le génie d'un artiste, pour qui le « métier » doit disparaître, avec ses grossières évidences, pour qui la spiritualité d'une œuvre dépend, en quelque sorte, de l'évanouissement de la matière. Les maîtres japonais, qu'il s'agisse des paysagistes du Fouzi-Yama et des stations du Tokaïdo, ou des peintres des filles, des athlètes et des acteurs, l'ont frappé parce qu'ils étaient des harmonistes pleins de calme et de profondeur. Ils ont frappé Manet parce qu'ils étaient des dessinateurs audacieusement concis et puissamment expressifs. Whistler a aimé en eux non seulement la tenue et la noblesse de la ligne, mais l'évocation d'une unité supérieure et d'un infini caché, le charme d'étranges caprices qui ont toujours quelque chose de mystérieux et de seigneurial. Les « Nocturnes » sont une des créations les plus personnelles de l'art, mais ils sont dans un certain rapport avec les « Nocturnes » d'Hirosighé. La *Roue de Feu*, exposée au Salon de 1892, évoque le souvenir des feux d'artifice japonais. Enfin l'usage de certains noirs, dont l'autorité délicate équilibre et raffermit de subtiles harmonies de ton, dans les portraits de Miss Alexander, de la mère de l'artiste et de Carlyle, pour ne citer que ceux-là, comme dans certains « Nocturnes », est un souvenir des noirs de Toyokouni l'ancien et d'Outamaro, noirs lisses de chevelures bien tirées, noirs mats des larges ceintures, et des noirs d'Hirosighé, poutres énormes des ponts en arc, barques en fuite sous la pluie, montagnes profilées sur l'horizon du Pacifique...

Je ne crois pas que l'exemple de l'estampe japonaise ait cessé d'agir avec efficacité sur l'art occidental. Nous savons maintenant que c'est un aspect seulement d'une grande histoire. Elle-même, nous la connaissons mieux, par des exemplaires choisis, présentés dans de belles expositions comme celles du Pavillon de Marsan. Elle demeure très chère, non seulement aux amateurs, mais aux artistes, qui y puisent encore des enseignements nouveaux. Après avoir été étudiée et aimée par les impressionnistes et par Whistler, elle est invoquée à titre d'exemple par les peintres qui, aux harmonies agitées, au métier vibrant des impressionnistes, ont voulu substituer un art de synthèse, capable de communiquer, par des formes nobles et calmes que relie un beau rythme décoratif, des émotions d'un caractère humain et général. Dans sa belle étude sur Vincent Van Gogh, Émile Bernard, peintre et critique, ne laisse pas de doute à cet égard. Ainsi l'art extrême-oriental, connu d'abord de nous par l'estampe japonaise, se trouve associé aux transformations les plus émouvantes et les plus fécondes de la peinture d'Occident.

www.ingramcontent.com/pod-product-compliance
Lightning Source LLC
LaVergne TN
LVHW050230060726

842525LV00007B/2619